**Bibliografische Information der Deutschen Nationalbibliothek:**

Die Deutsche Bibliothek verzeichnet diese Publikation in der Deutschen National-
bibliografie; detaillierte bibliografische Daten sind im Internet über http://dnb.d-
nb.de/ abrufbar.



**Impressum:**

Copyright © 2012 GRIN Verlag
Druck und Bindung: Books on Demand GmbH, Norderstedt Germany
ISBN: 9783668766655

**Dieses Buch bei GRIN:**

https://www.grin.com/document/434960

Antonio Salmeri

# Infiltration und Bodenfeuchte. Prozesse und Mechanismen der Versickerung. Wasserspeicherung in Böden und dessen Bedeutung für Pflanzen

GRIN Verlag

# GRIN - Your knowledge has value

Der GRIN Verlag publiziert seit 1998 wissenschaftliche Arbeiten von Studenten, Hochschullehrern und anderen Akademikern als eBook und gedrucktes Buch. Die Verlagswebsite www.grin.com ist die ideale Plattform zur Veröffentlichung von Hausarbeiten, Abschlussarbeiten, wissenschaftlichen Aufsätzen, Dissertationen und Fachbüchern.

**Besuchen Sie uns im Internet:**

http://www.grin.com/

http://www.facebook.com/grincom

http://www.twitter.com/grin_com

# INSTITUT FÜR GEOGRAPHIE

## Proseminar zur physischen Geographie 1

SS 2012

## Infiltration und Bodenfeuchte

Antonio Salmeri

Innsbruck, am 28.05.2012

# Inhaltsverzeichnis

Die existentielle Bedeutung des Wassers ist natürlich fest im Kollektivbewusstsein der Menschen verankert und nicht zuletzt aufgrund dieser Erkenntnis wird das lebensspendende Element als eines der wertvollsten Güter der Zukunft gehandelt. Tatsächlich aber spielt diese wertvolle Ressource, abseits ihrer primären Nutzung als Nahrungsmittel, auch in anderen Bereichen des Systems Erde eine tragende Rolle, welche sich schlußendlich als ebenso lebensnotwendig für den Menschen erweist.

*„Den Lauf des Wassers von den Bergen zu den Tälern, von dem Lande zum Meere sehen wir unaufhörlich vor unseren Augen sich vollziehen, und dennoch wird das Meer nicht voller und die Quellen und Ströme versiegen nicht."* (Pfaff 1870, S. 34) Diesen poetischen Ausführungen liegt die Tatsache zugrunde, dass die globalen Wasserressourcen durch verschiedene Speicherglieder hinweg einen geschlossenen Kreislauf bilden. Wassermengen die über den Ozeanen verdunsten werden zu einem Großteil in Form von Niederschlag an die Weltmeere retourniert. Ein kleiner Teil des verdunsteten Wassers wird durch den Wasserdampftransport der Atmosphäre über den Landmassen wieder abgeregnet.

Im Zuge meiner Proseminararbeit möchte ich lediglich diesen kleineren Ausschnitt des globalen Wasserkreislaufs betrachten und mich vor allem mit den Charakteristika des Bodens als fundamentales Speichermedium auseinandersetzen. Beginnend werde ich die Prozesse und Mechanismen der Versickerung behandeln, um im Hauptteil meiner Proseminararbeit verstärkt die Wasserspeicherung in Böden, sowie dessen Bedeutung für Pflanzen zu beleuchten.

# 2. Der Weg des Wassers

Niederschlag kann in flüssiger (Regen) oder fester Form (Schnee, Hagel und Graupel) auftreten und bewegt sich aufgrund der Schwerkraft erdwärts. Zudem kann sich Wasser durch Resublimation (Reif) oder Kondensation (Tau) an der Erdoberfläche ansetzen. Um die funktionale Einbettung der „Infiltration" in den globalen Wasserkreislauf zu verdeutlichen, werden im Folgenden die Prozesse der Interzeption und Evapotranspiration kurz erläutert.

## 2.1. Interzeption

Der Niederschlag gelangt meist nicht auf direktem Wege auf den Boden, sondern wird zum Teil durch die Vegetation abgefangen. Dieser Prozess wird „Interzeption"[1] genannt. Nach dieser primären Interzeption, unterscheidet man drei weiterführende Prozesse. Der sogenannte „Kronendurchlass" beschreibt das Abtropfen des Wassers von der Vegetation. Wird das Wasser ein weiteres Mal durch die tieferliegende Pflanzenwelt abgefangen, spricht man von einer sekundären Interzeption. Das Abwärtsfließen des Wassers entlang den Stielen und Stängeln der Vegetation wird als Hangabfluss bezeichnet. Das Maß der Interzeption variiert in hohem Maße mit der Mächtigkeit und Dichte der Laub- und Baumkronen und nimmt im Winter dementsprechend ab. Ein Teil der abgefangenen Feuchtigkeit wird durch Evapotranspiration wieder der Atmosphäre zugeführt. Dieser Prozess vollzieht sich in stärkerem Maße auch auf der Erdoberfläche und wird im folgenden Punkt in aller Kürze erläutert. (vgl. King & Schmitt 2002, S.363)

## 2.2. Evapotranspiration

Dieser Prozess setzt sich zusammen aus der Evaporation (Verdunstung als Folge physikalischer Prozesse) und der Transpiration (Verdunstung als Folge biologischer Prozesse). Beide Vorgänge sind von ähnlicher Relevanz, wobei die konkrete Aufteilung je nach Raum sehr stark variiert. (Vgl. Glawion, Glaser & Saurer 2009, S. 330)

## 3. Oberflächenwasser und Infiltration

Im folgenden Teil meiner Proseminararbeit werde ich mich vertikal von der Erdoberfläche bis zu tieferen Erdschichten herantasten und dabei versuchen die wesentlichen Zusammenhänge und Mechanismen zwischen Boden und Wasser zu beschreiben. Der Porenraum eines Bodens kann entweder durch Wasser oder durch Luft in Anspruch genommen werden. Das im Boden gebundene Wasser ist dabei von fundamentaler Bedeutung für Vegetation, den Transport von (Nähr)-Stoffen, sowie für mikrobielle/chemische Aktivitäten. (vgl. Rowell 1994, S. 131)

---

[1] lat. intercipio: abfangen, auffangen, wegnehmen (vgl. Krüger 2010, S.215)

## 3.1. Oberflächenwasser

Übersteigt die Niederschlagsmenge die Aufnahmekapazität des Bodens, fließt das überschüssige Wasser in Form von Oberflächenwasser ab. Dieser Prozess führt wiederum zu Erosion und Verschlammung der Bodenoberfläche, sodass mit zunehmendem Niederschlag auch das Oberflächenwasser entsprechend zunimmt. Ausschlaggebend für die Mächtigkeit des Oberflächenwassers sind zudem die Hangneigung, sowie die Beschaffenheit des Bodens. Mit zunehmender Anreicherung des Porenraumes sowie steigender Verschlammung nimmt auch die Wasseraufnahmefähigkeit des Bodens ab. (vgl. Mückenhause 1993, S. 306)

## 3.2. Infiltration

Je nach Bodenbeschaffenheit und Intensität des Niederschlagsereignisses kann demnach ein Teil der niederströmenden Wassermassen in den Boden eindringen. Dieser Versickerungsvorgang wird durch die Schwerkraft sowie die kapillare Anziehung bedingt und mit dem Terminus „Infiltration" beschrieben. Übersteigt die Niederschlagsrate die Wasseraufnahmekapazität des Bodens, wird das überschüssige Wasser durch den eben beschriebenen Oberflächenabfluss abgeführt. Die Bewegungsgeschwindigkeit des versickernden Wassers ist in der Regel sehr gering, da es sich den Weg durch kleine Spalten und Porenöffnungen im Boden bahnen muss. (vgl. King & Schmitt 2002, S.364) Dementsprechend ist auch die Menge des versickernden Wassers von der Permeabilität[2] des Bodens abhängig. (vgl. Kugler, Schwab & Billwitz 1988, S.169) Sofern die Schwerkraft gegenüber den bindenden Kräften des Bodens überwiegt bzw. kein Staukörper die Abwärtsbewegung behindert, endet der Weg des versickernden Wassers in der Grundwasserzuführung. Dieser Prozess der kontinuierlichen Bodendurchdringung bis hin zur Grundwasseranreicherung wird Perkolation[3] genannt.

## 3.3. Exkurs: Struktur von Böden

Die Bodenstruktur bzw. Textur und Körnung von Böden ist für deren Wasserdurchlässigkeit - und Speicherfähigkeit maßgebend und somit von fundamentaler Bedeutung. Flüssigkeit wird in die als „Bodenporen" bezeichneten Hohlräume zwischen den einzelnen Bodenpartikeln eingelagert. Dementsprechend nimmt die Porengröße mit der Größe der Bodenpartikel ab. Das Porenvolumen verringert sich folglich mit der Dichte der Zusammensetzung des Bodens. Es muss zudem eine weitere Unterteilung in Sekundärporen getroffen werden, welche durch bodenbiologische Prozesse wie Wurzelbindung oder organische Aktivitäten entstehen. Poren werden gemäß ihrer Größe in Fein- (< 0,2µm), Mittel- (0,2-10µm) und Grobporen (>10µm) unterschieden. Das Gesamtporenvolumen differenziert stark nach Bodenart, weswegen sich auch deren Wasserdynamiken stark voneinander unterscheiden. (vgl. Gernandt 2007, S. 34 f.)

---

[2] lat. permeabilis: passierbar, gangbar, überschreitbar (vgl. Krüger 2010, S.299)
[3] lat. percolatio: Durchseihen (vgl. Krüger 2010, S.295)

„Die Infiltrationsrate ist dasjenige Wasservolumen –ausgedrückt als Wasserhöhe- das in der Zeiteinheit je Flächeneinheit senkrecht in den Boden eindringt, Einnheit:mm/h." (Hölting & Coldeway 2009, S.34) Mit zunehmender Füllung der Bodenporen lassen die Anziehungskräfte entsprechend nach. Sowohl der anfängliche Wassergehalt des Bodens, als auch die fortschreitende Befeuchtung wirken sich somit direkt auf die Infiltrationsrate aus. Charakteristischerweise nimmt demnach die Infiltrationsrate bei einem Niederschlagsereignis anfänglich ab, und pendelt sich nach 1-2 Stunden in einen konstanten Wert ein. Die maximale von Böden aufnehmbare Wassermenge wird mit der Infiltrationskapazität beschrieben. (vgl. King & Schmitt 2002, S.364) Wie bereits erwähnt, spielt die Beschaffenheit des Bodens eine fundamentale Rolle. Eine grobe und sandige Textur des Bodens begünstigt einen raschen Versickerungsvorgang. Zudem führt ein hoher Gehalt an organischem Material (Wurzelgänge, Wurmröhren, Schwundrisse etc.) im Boden zu einer Auflockerung der Erdmasse, wodurch dieser Prozess ebenfalls beschleunigt wird. Umgekehrt vollzieht sich der Infiltrationsprozess bei feinkörnigen Böden (beispielsweise Tonböden) nur sehr langsam. Die bereits erwähnte Permeabilität von Böden möchte ich nun am Beispiel der drei wesentlichen Bodenhorizonttypen differenziert erläutern:

A-Horizont: Der A-Horizont eines Bodens zeichnet sich in der Regel durch seinen hohen Anteil an Humus, sowie mineralischen und organischem Material aus. Dementsprechend ist diese oberflächennahe Bodenschicht sehr gut durchlüftet und wasserdurchlässig.

B-Horziont: Dieser Bodenhorizont zeichnet sich durch Einlagerungen aus dem A-Horizont und /oder starke Verwitterungen aus. Charakteristischerweise erfolgt in dieser Schicht nur bei sehr trockenen Böden eine schnelle Infiltration.

C-Horizont: In dieser Bodenschicht befindet sich das zugrunde liegende Gestein, welches je nach Struktur über eine bessere oder schlechtere Durchlässigkeit verfügt. Bei Festgestein wird das Wasser nicht in Poren, sondern in den Klüften und Rissen des Gesteins festgehalten. (vgl. Hölting & Coldeway 2009, S. 35)

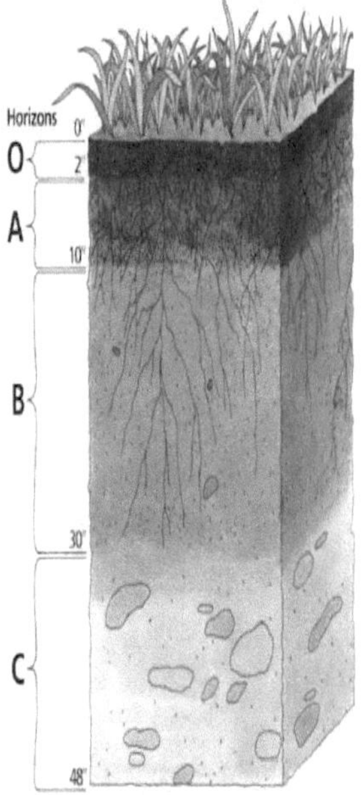



(Abb.1: Bodenhorizonte)

Die Grundwasseroberfläche konstituiert die Grenze zwischen der gesättigten und ungesättigten Bodenzone. Im wassergesättigten Bodenbereich findet beim Versickerungsvorgang ein Verdrängungsprozess statt, bei dem die ursprünglichen Wasserressourcen in tiefere Bodenschichten verschoben werden. In wasserungesättigten Bodenbereichen hingegen, gleitet das infiltrierte Wasser lediglich entlang der Teilchenoberfläche abwärts. (vgl. Hölting & Coldewey 2009, S.33)



Aufgrund exzessiver Beweidung durch Nutztiere, wird die Bodenstruktur in sehr hohem Maße verdichtet und somit die Infiltrationskapazität verringert. Durch das Abholzen von Wäldern entfällt die Schutzfunktion der Vegetationsdecke für die Erdoberfläche, sodass ebenfalls eine Verdichtung des Bodens herbeigeführt wird. Massivste Auswirkungen auf die Infiltrationskapazität hat natürlich auch die Bebauung der Erdoberfläche, da dies eine komplette Versiegelung des Bodens zur Folge hat. In dem Werk „physische Geographie – eine Einführung" findet man dazu eine in den USA durchgeführte wissenschaftliche Studie welche besagt, dass die durchschnittliche Infiltrationsrate auf unbeweideten Gebiet 77,5 Millimeter pro Stunde beträgt, während sie auf stark beweideten Gebiet lediglich einen Wert von 31,1 Millimeter pro Stunde erreicht. (vgl. King & Schmitt 2002, S.365)

## *3.4. Stauwasser*

Stoßen infiltrierte Wassermengen auf Bodenstrukturen mit einer sehr geringen Permeabilität, werden die Poren in diesem Bodenareal vollständig gefüllt und in einem Folgeschritt kommt es zu einer Ansammlung von sogenanntem Stauwasser. Die undurchlässige Bodenschicht wird Staukörper, der Bereich angestauten Wassers als Stauzone bezeichnet. Bei einer oberflächennahen Ansammlung können die Pflanzen nur unzureichend mit Wasser und Nährstoffen versorgt werden. Nach Aufbrauchen der angestauten Wasserreserven kann kein Wassernachschub aus tieferen Bodenschichten erfolgen, wodurch über einen längeren Zeitraum die Austrocknung des Bodens unvermeidbar ist. (vgl. Kugler, Schwab & Billwitz 1988, S.169)

Dieser Bodentyp zählt aufgrund der häufigen Stauwasserbildungen zur Klasse der sogenannten Stauwasserböden. Auf die sehr humusreiche oberflächennahe Bodenschicht, folgt eine sehr gut wasserleitende Oberbodenschicht (Stauzone), welche aufgrund ihrer hohen Permeabilität stark ausgewaschen ist. Es folgt eine tonreichere und somit dichtere Unterbodenschicht welche den Infiltrationsprozess bremst. Der Staukörper entsteht dabei als Folge von Sedimentations- und Lessivierungsprozessen[4], bzw. wird dessen Entstehung durch das tonreiche Ausgangsgestein begünstigt. Aufgrund wiederkehrender Vernässung und Austrocknung ist dieser Bodentyp nur bedingt für eine landwirtschaftliche Nutzung bzw. Bepflanzung geeignet. Dieser schlechten Durchwurzelbarkeit und Fähigkeit zur Wasserspeicherung kann nur mit Drainage[5] und Tiefenbearbeitung entgegengewirkt werden. (vgl. Gernandt 2007, S. 77)

(Abb.2: Pseudogley)

---

[4] „Lessivierung: die Verlagerung von Ton und anderen feinen Partikeln profilabwärts." (King & Schmitt 2002, S. 342)
[5] „Drainage (Dränung): Maßnahme zur Entwässerung vernässter Böden, beispielsweise durch Entwässerungsgräben und im Boden verlegten Dränrohren." (Gernandt 2007, S. 100)

„Unter Haftwasser versteht man den Anteil des Bodenwassers, der vom Boden durch Adsorptions- und Kapillarkräfte sowie durch osmotische Kräfte gegen die Schwerkraft festgehalten wird." (Mückenhausen 1993, S. 306) Im Folgenden möchte ich kurz die Feldkapazität behandeln und mich anschließend mit den beiden spezifischen Formen des Haftwassers auseinandersetzen.

## *4.1. Feldkapazität*

„Feldkapazität FK: Wasservolumen, das ein Boden maximal gegen die Schwerkraft zurückhalten kann; konventionell der Wassergehalt bei einer Wasserspannung von pF = 1,8 (Vol.-% oder mm Wassersäule)" (Hölting & Coldeway 2009, S. 35) Die Feldkapazität stellt somit eine quantitative Beschreibung des Haftwassers dar. Kleine Korngrößen erhöhen die Feldkapazität, da sie einerseits eine höhere Bindung von Adsorptionswasser ermöglichen und zudem eine feinporige Bodenstruktur bedingen welche zu einer verstärkten Ansammlung von Kapillarwasser führt. Ein hoher Anteil an Humuskolloiden[6] und Tonmineralen[7] kontribuiert aufgrund deren Adsorptionskraft ebenfalls zu einer erhöhten Feldkapazität. Diese Größe wird außerdem maßgeblich durch die Mächtigkeit des Bodens, sowie dessen kapillaren Grundwasseranschluss beeinflusst.

## *4.2. Adsorptionswasser*

Unter Adsorptionswasser versteht man jenen Anteil des Bodenwassers, welcher die Teilchenoberfläche von Bodenpartikel umschließt. (Siehe Abb.3: Absorptionswasser) Dieser dünne Flüssigkeitsfilm unterliegt einer außerordentlich hohen Saugspannung, welche die Saugkraft von Pflanzen oftmals übersteigt. Derartige Anteile des Adsorptionswassers werden als „Totwasser" bezeichnet, da sie von Pflanzen nicht genutzt werden können. In der ersten Schicht an Wasserteilchen kann demnach eine Bindungskraft von bis zu 6000 Bar erreicht werden. Die Adsorptionskraft ergibt sich aus einem Zusammenspiel osmotischer[8] als auch elektrostatischer Dipolkräfte (siehe Adhäsion Kapitel 5.1.), welche die Wasserstoffmolekühle an die Teilchenoberfläche binden. Herrscht ein starkes Ungleichgewicht zwischen dem relativen Wasserdampfdruck[9] der Luft und dem Feuchtigkeitsgrad des Bodens, sind die Bodenpartikel imstande, ähnlich einem hygroskopischen[10] Stoff, Wasser aus der Umgebungsluft aufzunehmen. Die somit aufgenommene Feuchtigkeit wird auch als „hygroskopisches Wasser" bezeichnet. Die Hygroskopizität eines Bodens ist von seiner Beschaffenheit (Körnung, organische Substanz etc.) als auch vom relativen Dampfdruck der Umgebungsluft abhängig. (vgl. Mückenhausen 1993, S. 308)

---

[6] Kolloid: „Stoff, der sich in feinster Verteilung in einer Flüssigkeit oder einem Gas befindet." (vgl. Duden online 2012)
[7] „Tonminerale gehen als sekundäre Bildung vorwiegend aus anderen Silikaten beispielsweise den Glimmern und Feldspäten hervor." (Gernandt 2007, S. 12)
[8] Osmose: „Diffusion durch eine semipermeable Membran" (Uni-Düsseldorf-Salzhaushalt)
[9] „Die relative Feuchte...[ ].. gibt den tatsächlichen Anteil des Wasserdampfgehalts in Relation zum maximal möglichen Wert in Prozent an." (Glawion, Glaser & Saurer 2009, S. 49)
[10] hygroskopisch: „Wasser anziehend". (vgl. Duden online, 2012)

Mehrere Bodenpartikel die mit Adsorptionswasser benetzt sind, schließen im mehrdimensionalen Raum mit Wasser gefüllte Kapillaren ein. (Siehe Abb.3: Kapillarwasser) Dieser Flüssigkeitsanteil wird durch die kapillare Saugspannung an den Menisken (Siehe Abb. 5: Meniskenbildung) festgehalten. Selbige Bindungsform von Wasser wird als „Kapillarwasser" oder „Porensaugwasser" bezeichnet. (vgl. Kuntze, Roeschmann & Schwerdtfeger 1994, S. 162)

Mit der Abnahme des Porendurchmessers nehmen die Kapillarkräfte zu. Ab einem Wert von unter 0,2 Mikrometer sind die Bindungskräfte wiederum so stark, dass keine Wasseraufnahme durch Pflanzen mehr möglich ist. Das Adsoprtions- und Kapillarwasser beschreibt also jene Wassermenge, welche entgegen der Schwerkraft im Boden gebunden ist. Eine genaue Abgrenzung der Bindungsmechanismen ist jedoch nicht möglich. (vgl. Kugler, Schwab & Billwitz 1988, S.170)

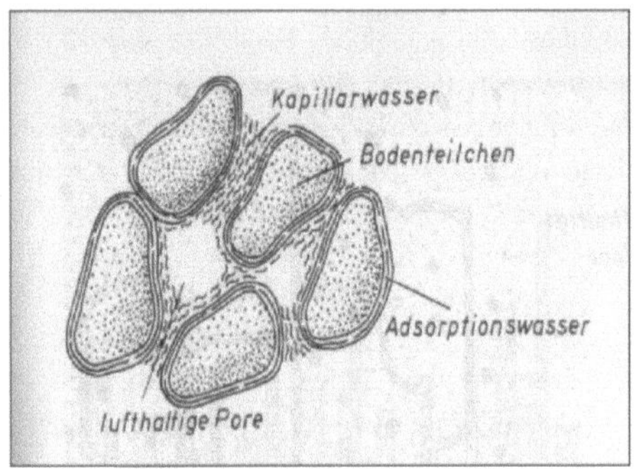


(Abb.3: Adsorptions- und Kapillarwasser)

## 5. Bewegung des Wassers

Wie bereits beschrieben, wird die Abwärtsbewegung bzw. das Eindringen von Wasser in die Bodenstruktur als „Infiltration" bezeichnet. Der gegensätzliche Prozess, also der vertikale Wasseranstieg aus tieferen Bodenschichten, wird „kapillarer Aufstieg" genannt. Diese der Schwerkraft entgegen gerichtete Bewegung resultiert aus dem Spannungsunterschied zwischen dem „spannungsfreien" Grundwasser und der Saugspannung darüber liegender Bodenschichten. Dieser Prozess kann durch eine Erhöhung des Grundwasserspiegels oder durch Evapotranspiration verstärkt bzw. hervorgerufen werden. Sowohl die Geschwindigkeit als auch das Ausmaß des kapillaren Aufstiegs ist abhängig von der Körnung und Textur des Bodens. (vgl. Mückenhausen 1993, S. 320)

Unter „stehendem Kapillarwasser" versteht man jenen Wasseranteil, welcher durch starke Kapillarkräfte vom Grundwasser in höhere Bodenschichten transportiert wird und dort auch verweilt. Dabei gilt, je geringer der Porendurchmesser, desto größer die wirkende Saugkraft. (Siehe Abb. 4. Kapillarität) Die vertikale Bodenstruktur variiert in ihrer Poren- und Korngröße natürlich sehr stark, weswegen man in diesem Zusammenhang von einer sogenannten „Schwammkapillare" spricht. Dies hat zur Folge, dass sich die Saugspannungen verschiedener Bodenschichten maßgeblich unterscheiden, sodass sehr feine Hohlräume an der Erdoberfläche mit Wasser gefüllt sein können, während größere Hohlräume lediglich in unmittelbarer Grundwassernähe wassergesättigt sind. (vgl. Kuntze, Roeschmann & Schwerdtfeger 1994, S. 164) Dieser Vorgang wird als „Kapillarität" und der maximale Anstieg des Wassers als „Kapillaritätswert" bezeichnet. (vgl. Mückenhausen 1993, S. 308)

„Kapillarität kann in einem Porensystem nur entstehen, wenn bei guter Benetzung (kleine Benetzungswinkel) die allseitige Adhäsion größer ist als die Kohäsion innerhalb der aufsteigenden Flüssigkeit." (Kuntze, Roeschmann & Schwerdtfeger 1994, S. 165) Die Adhäsion[11] beschreibt eine Wechselschicht zwischen Flüssigkeiten und Feststoffen, welche sich durch hohe Anziehungskräfte auszeichnet. Würde diese also geringer sein als die Kohäsion[12], hätte dies eine Isolation der Flüssigkeit zur Folge, wodurch das Wasser nicht mit dem Boden in Verbindung treten könnte. Aus den Wechselwirkungen von Kohäsion und Adhäsion ergibt sich somit eine konkav gekrümmte Wasseroberfläche (sogenannte Meniske), an dessen Rändern die Kapillaren mit Wasser benetzen. (Siehe Abb.5: Meniskenbildung)

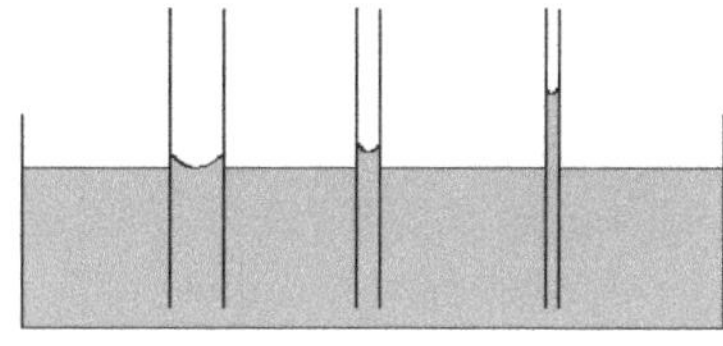

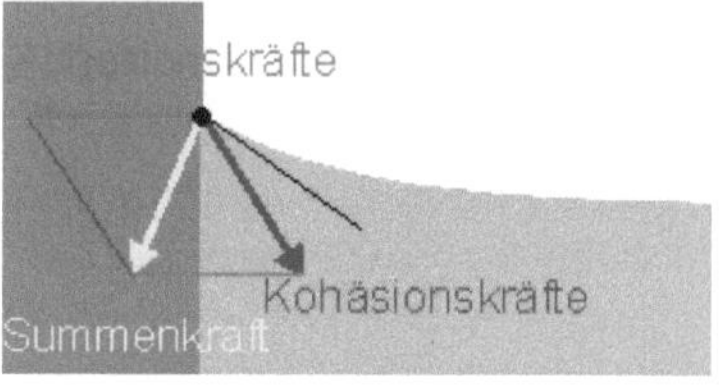


(Abb. 4: Kapillarität)

(Abb.5: Meniskenbildung)

Da die Adhäsionskräfte gegenüber den Kohäsionskräften überwiegen, „zieht" sich das Wasser entlang dem angrenzenden Feststoff aufwärts wodurch die Wasseroberfläche eine konkave Krümmung erhält. Dieser als „Meniskenbildung" bezeichnete Vorgang bedingt eine hohe Oberflächenspannung des Wassers. Selbige beschreibt das Bestreben von Flüssigkeiten eine möglichst geringe Oberfläche aufzuweisen, sodass aufgrund der Meniskenbildung die Wassersäule der adhäsionsbedingten Hebung folgt. Auf Wassermoleküle die sich an der Wasseroberfläche befinden, wirken oberflächlich die relativ geringen Kräfte des angrenzenden Gases, während nach unten gerichtet die stärkeren Kohäsionskräfte des Wassers wirken.

---

[11] Adhäsion: „Anziehungskräfte zwischen Atomen und Molekühlen verschiedener Stoffe." (Gernandt 2007, S. 36)
[12] Kohäsion: „Anziehungskräfte zwischen Atomen und Molekühlen eines Stoffes." (Gernandt 2007, S. 36)

Gelangen selbige Wassermolekühle durch die adhäsionsbedingte Hebung in tiefere Wasserschichten wird folglich aufwärts gerichtete Energie frei, welche ebenfalls zur Hebung der Wässersäule beiträgt. Dieser Hebungsvorgang wird so lange fortgesetzt bis sich ein Gleichgewicht zwischen Gravitation und Luftdruck bzw. Kohäsions- und Adhäsionskräften einstellt. (vgl. Kuntze, Roeschmann & Schwerdtfeger 1994, S. 165) (vgl. Technische Universität Graz 2012, S.6)


## 6. Bodenwasser und Pflanzen

Wasser ist für Pflanzen von existentieller Bedeutung da es als Transport- und Lösungsmedium benötigt wird und auch für das Betreiben von Photosynthese unverzichtbar ist. Einige Pflanzenformen sind in der Lage das benötigte Wasser aus der Luft zu entziehen. Ein Großteil der Pflanzen greift jedoch mittels ihrer Wurzeln auf das Bodenwasser als primäres Wasserreservoir zurück. Der kapillare Aufstieg des Wassers garantiert dabei eine Durchfeuchtung des Bodens auch in oberflächennahen, von Wurzeln durchdrungenen Bodenschichten. (vgl. Glawion, Glaser & Saurer 2009, S. 294) Mit dem infiltrierten Wasser werden auch Nährstoffe in den Boden eingewaschen, welche vor allem bei einem langsam fortschreitenden Infiltrationsprozess in hohem Maße vom Boden aufgenommen werden können. Auf diesem Weg werden Böden auch mit atmosphärischer Kohlensäure vermischt. Eine langfristige negative Wasserbilanz kann dementsprechend zu einer Versauerung des Bodens führen. Umgekehrt werden bei einer dauerhaften negativen Bilanz vermehrt gelöste Salze aus dem Grundwasser in höhere Bodenschichten transportiert, wodurch eine Alkalisierung des Bodens entstehen kann. Die Disponibilität des Wassers für Pflanzen variiert mit den verschiedenen Bodenarten und deren spezifischer Textur und Körnung. Um Wasser aufnehmen zu können, muss die Saugkraft der Pflanzen die Wasserspannung des Bodens überschreiten. Dahingehend möchte ich im Folgenden kurz Ton-, Sand- und Schluffböden miteinander vergleichen. (vgl. Gernandt 2007, S. 39)

Tonböden zeichnen sich durch eine besonders feinkörnige Textur aus, wodurch die Infiltrationskapazität relativ gering bleibt, jedoch ein Großteil des eingedrungenen Wassers in Form von Haftwasser gespeichert wird. Aufgrund der hohen Saugspannung kann ein kapillarer Anstieg von bis zu 15m erreicht werden. Selbige Bindungskräfte übersteigen jedoch oft die Saugkraft von Pflanzen, weswegen Tonböden einen hohen Anteil an „Totwasser" besitzen.
Schluffböden hingegen erreichen dank der meist ausgeglichenen Korngrößenverteilung einen kapillaren Anstieg von 3m und stellen somit meist ein ideales Wasserreservoir für Pflanzen dar.
Sandböden wiederum zeichnen sich durch eine grobe Textur und Körnung aus. Dadurch erfolgt zwar ein schneller Infiltrationsprozess, jedoch kann aufgrund der geringen Bindungskräfte nur vergleichsweise wenig Wasser gebunden werden.
Der kapillare Anstieg beträgt im Durchschnitt 1,5m wodurch das gespeicherte Wasser nicht an durchwurzelte Bodenareale heranreicht. (vgl. Gernandt 2007, S. 39)

Resümierend läßt sich also feststellen, dass die Wasseraufnahme mit steigender Porengröße zunimmt, die Feldkapazität hingegen aufgrund geringerer Bindungskräfte abnimmt. Die Saugkraft von Pflanzen nimmt mit steigender Divergenz zwischen trockener Luft und feuchtem Boden zu. Dementsprechend sind Pflanzen aus ariden Klimaten in der Lage auch sehr stark im Boden gebundenes Wasser aufzunehmen. (vgl. Mückenhause 1993, S. 315) Der Bereich zwischen Welkpunkt einer Pflanze und der Feldkapazität des Bodens beschreibt den zur Verfügung stehenden Wasseranteil. „Der Welkpunkt kennzeichnet den Grenzwert der Saugkraft einer Pflanze, bei dessen Überschreiten die Pflanze kein Wasser mehr aus dem Boden zu entnehmen vermag und infolgedessen verwelkt." (Glawion, Glaser & Saurer 2009, S. 295)
Wird die Feldkapazität unterschritten können die Wassermengen nicht im Boden gehalten werden (Porengröße>10µm) und umgekehrt unterstehen die Bodenwasserressourcen oberhalb des Welkpunkts einer zu starken Bindung (Porengröße<0,2). Dieser Zwischenbereich wird als „nutzbare Feldkapazität" bezeichnet. (vgl. Glawion, Glaser & Saurer 2009, S. 295 f.)

Um die im Boden haftenden Wasserressourcen abzusaugen, müsste man die kohäsiven und adhäsiven Kräfte des Wassers überwinden. Wie bereits festgestellt untersteht das Haftwasser somit einer bestimmten Bindungskraft, welche je nach Porengröße und Wassergehalt variiert. Diese zu überwindende Saugkraft des Bodens kann in bar bzw. der entsprechenden Druckhöhe einer Wassersäule angegeben werden. Aufgrund des breiten Spektrums der wirkenden Saugkräfte, wird die Wasserspannung mittels eines dekadischen Logarithmus (pF-Wert) ausgedrückt. Eine 1000 cm hohe Wassersäule übt einen Druck von 1 bar aus. Dies wiederum würde einem pf-Wert von 3 entsprechen.

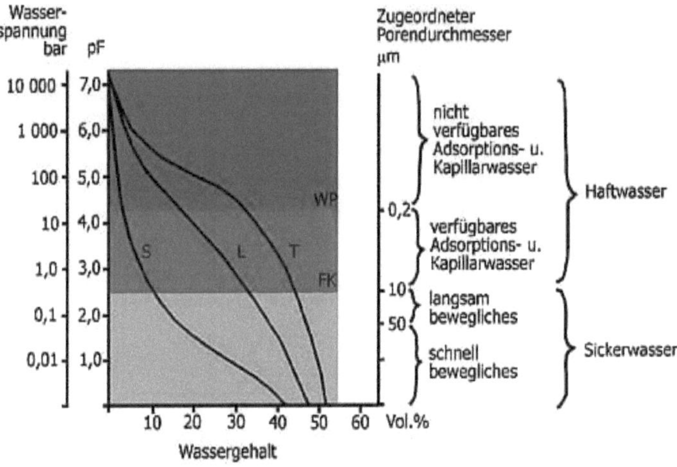


(Abb.6:Wasserspannungskurve )

Die Wasserspannungskurve vergleicht Sand-, Lehm- und Tonböden, wobei in dieser Darstellung der A-Horizont jedes Bodens für die Berechnungen herangezogen wurde. Die Volumsbezeichnung der x- Achse beschreibt das Gesamtporenvolumen der Böden. Anhand der Wasserspannungskurve wird besonders augenscheinlich verdeutlicht, wie der Wassergehalt mit zunehmender Saugspannung nachlässt. Dementsprechend lässt sich somit mittels des PF-Werts auch die Bodenfeuchte wie folgt generalisiert bestimmen:

| pf – Wert: | 1 | 2 | 3 | 4 | 5 |
|---|---|---|---|---|---|
| Bodenfeuchte: | nass | feucht | frisch | trocken | trocken |

(vgl. Gernandt 2007, S. 37)

Darüber hinaus wird ersichtlich, welche Porengröße für die größte Wasserspeicherung in den verschiednen Bodentypen verantwortlich ist. Im Sandboden wird beispielsweise der Großteil des Wassergehaltes von groben Poren (>10µm) festgehalten. Zudem lassen sich die bodentypische Feldkapazitäten und Welkpunkte ablesen. (vgl. Gernandt 2007, S. 36 f.)

Bezüglich eines charakteristischen pf-Werts für die Feldkapazität kursieren unterschiedlichste Angaben, jedoch wird (gegensätzlich zur Abbildung 6) konventionell ein Wert von 1,8 angegeben. Der Welkpunkt wird ab einem pf-Wert von 4,2 erreicht. (Hölting & Coldeway 2009, S. 35)

## 8. Schwarzerde

Die Schwarzerde zählt zu den fruchtbarsten Bodentypen der Welt und zeichnet sich in erster Linie durch ihre lehmige Substanz aus. Die Oberbodenschicht besitzt einen hohen Anteil an „Krümelgefüge", welches durch bodenbiologische Prozesse in der aufliegenden Humusschicht entsteht. Dementsprechend ist dieser Bodenhorizont sehr gut durchlüftet und verfügt über eine hohe Permeabilität. Tiefere Bodenschichten weisen einen gleichwertigen Anteil an Fein-, Mittel- und Grobporen auf, wodurch der Anteil an nutzbarer Feldkapazität sehr hoch ist. Schwarzerde entsteht primär auf der Basis von carbonathaltigen und lockerem Ausgangsmaterial (Bsp. Löss) und ist vor allem in den Steppen Osteuropas, Asiens und Nordamerikas vorzufinden. (vgl. Gernandt 2007, S. 70)

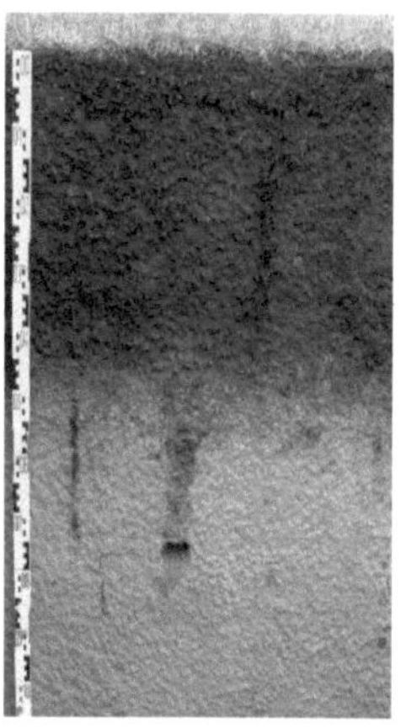

(Abb. 7: Schwarzerde)

## 9. Tensiometer

Wie bereits erwähnt, können durch die Saugspannung eines Bodens Rückschlüsse auf die spezifische Bodenfeuchte getroffen werden. Selbige Wasserspannung läßt sich mit einem Tensiometer messen. Diese Apparatur besteht aus einer wassergefüllten porösen Zelle (1), aus welcher bei Feuchteunterschieden zum umliegenden Boden Wasser entzogen wird. Der somit erzeugte Unterdruck wird von einem Manometer(4) erfasst. Neben hydrogeologischen Messstationen findet das Tensiometer ebenfalls bei automatischen Bewässerungsanlagen Anwendung. Nachteile dieses Messinstrumentes bestehen in der räumlich eingeschränkten Messbarkeit eines bestimmten Bodenareals, sowie in dessen limitierter Messgrenze von ca. 1 bar. (vgl. Kuntze, Roeschmann & Schwerdtfeger 1994, S. 168)

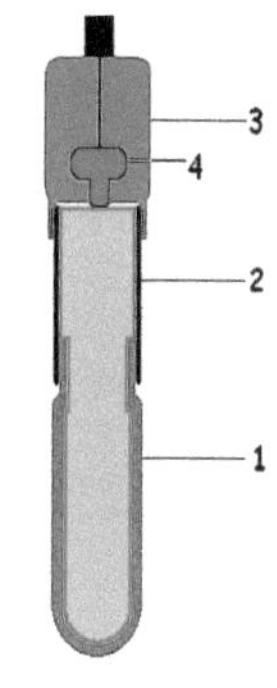


(Abb.8:Tensiometer)

Die Auseinandersetzung mit dem Thema der „Infiltration und Bodenfeuchte", machte mir erst die wesentliche Bedeutung des „Speichermediums Boden" für Mensch und Umwelt bewusst. Der Versickerungsvorgang initiiert dabei eine Vielzahl weiterer Prozesse und Mechanismen, welche für die Entwicklung der Vegetation und somit auch für landwirtschaftliche Nutzungen unabdingbar sind. Wie einleitend erwähnt, erfüllt das „Wasserspeichermedium- Boden" somit eine lebensnotwenige Funktion für Mensch und Natur. Innerhalb des Bodens findet ein weiterer (kleinräumiger) vertikaler Wasserkreislauf statt, welcher die Entstehung und Entwicklung der Vegetation überhaupt erst ermöglicht. Vor allem dieser Aspekt des bodeninternen Wassertransports war mir vor der Auseinandersetzung mit diesem Thema in diesem Ausmaß nicht bekannt und hat mich sehr beeindruckt. Die Speicherungseigenschaften eines Bodens unterliegen einer Vielzahl verschiedensten physikalischen Gesetzmäßigkeiten, wodurch dieser funktionale Aspekt des Bodens zu einem interessanten Gegenstand der physischen Geographie wird.

## Literaturverzeichnis

**Gernandt P.** (2007): Bodenkunde in der Geographie. Diercke Spezial. Braunschweig: Westermann.

**Glawion** R., **Glaser** R. & **Saurer** H. (2009): Physische Geographie. Braunschweig: Westermann.

**Hölting** B. & **Coldewey** G. (2009): Hydrogeologie. Einführung in die Allgemeine und Angewandte Hydrogeologie. Heidelberg: Spektrum.

**King** L. & Schmitt E. (2002): Physische Geographie. Eine Einführung. München: Spektrum.

**Kugler** H., **Schwab** M. & **Bilwitz** K. (1988): Allgemeine Geologie, Geomorphologie und Bodengeographie. Gotha: VEB.

**Kuntze** H., **Roeschmann** G. & **Schwertfeger** G. (1994): Bodenkunde. 5.Auflage. Stuttgart: Ulmer.

**Krüger-Beer** H. (2010): Schülerduden. Lateinisch – Deutsch. Ein Wörterbuch für Schule und Studium. Mannheim: Dudenverlag.

**Mückenhausen** E. (1993): Die Bodenkunde und ihre geologische, geomorphologischen, mineralogischen und petrologischen Grundlagen. Frankfurt am Main: DLG-Verlag.

**Rowell** D. L. (1997): Bodenkunde. Untersuchungsmethoden und ihre Anwendungen. Berlin Heidelberg: Springer.

## Internetquellen

**Nolzen** H. & **Bruker** U. (2004): Das Wasser im Boden.
Online im Internet: http://www.webgeo.de/h_005/
Zugegriffen am: 25.05.2012

**Technische Universität Graz** (2012): Bestimmung der Oberflächenspannung von Flüssigkeiten.
Online im Internet: http://portal.tugraz.at/portal/page/portal/Files/i5110/files/Lehre/Praktika/GP1/Vorbereitung/Oberflaechensp.pdf
Zugegriffen am: 26.05.2012

**Freie Universität Berlin** (2006): Stauwasserböden.

Online im Internet: http://www.geo.fu-berlin.de/fb/e-learning/pg-net/themenbereiche/bodengeographie/bodentypen/hydromorphe_boeden/stauwasserb_den/index.html?TOC=.%2F..%2Fhydromorphe_boeden%2Fstauwasserb_den%2Findex.html

Zugegriffen am: 24.05.2012


**Duden (2012)**

Online im Internet: http://www.duden.de/

Zugegriffen am: 28.05.2012


**Uni Düsseldorf** (2005): Andrea Knorr: Praktischer Teil des ersten Staatsexamens.

Online im Internet:

http://www.uniduesseldorf.de/MathNat/Biologie/Didaktik/Wattenmeer/3_pflanzen/dateien/salzhaushalt.html

Zugegriffen am: 06.06.2012



## Abbildungsverzeichnis

Abbildung 1 (S.3): Bodenhorizonte

Online im Internet: http://www.g-o.de/index.php?cmd=focus_detail2_bild&f_id=246&rang=5&pid=5494

Zugegriffen am: 25.05.2012


Abbildung 2 (S.5): Pseudogley

Online im Internet: http://www.naturkundemuseum-kassel.de/museum/wissenswert/bodenkunde/bodenprofile/pseudogley.php

Zugegriffen am: 26.5.2012


Abbildung 3 (S.6): Adsorptions- und Kapillarwasser

Quelle: Mückenhausen 1993, S. 307.


Abbildung 4 (S.7): Kapillarität

Online im Internet: http://www.leifiphysik.de/web_ph05/versuche/02oberflaech/kapillarwirkung_l.htm

Zugegriffen am: 24.05.2012


Abbildung 5 (S.7): Meniskenbildung

Online im Internet: http://www.leifiphysik.de/web_ph05/versuche/02oberflaech/kapillarwirkung_l.htm

Zugegriffen am: 24.05.2012


Abbildung 6 (S.7): Wasserspannungskurve

Online im Internet: http://hypersoil.uni-muenster.de/0/03/04.htm

Zugegriffen am: 26.05.2012

Abbildung 7 (S.7): Schwarzerde

Online im Internet: http://www.thueringen.de/de/tmlnu/aktuell/presse/17819/

Zugegriffen am: 27.05.2012


Abbildung 8 (S.8): Tensiometer

Online im Internet:

http://de.wikipedia.org/w/index.php?title=Datei:Tensiometer.png&filetimestamp=20060208215059

Zugegriffen am: 27.05.2012

# BEI GRIN MACHT SICH IHR WISSEN BEZAHLT

- Wir veröffentlichen Ihre Hausarbeit,
  Bachelor- und Masterarbeit

- Ihr eigenes eBook und Buch -
  weltweit in allen wichtigen Shops

- Verdienen Sie an jedem Verkauf

Jetzt bei www.GRIN.com hochladen
und kostenlos publizieren